打造自己的

BEST HOUSE

——用心的室內設計經典

創空間

CONTENT

目次

FOREWORD

前言

在我的上一本書「我家就是五星級飯店」提出「豪宅≠好宅」的新裝修概念，思考「什麼是能夠永久珍藏、歷久不衰的居家空間？」如何從人們生活最基層的精神需求出發，創造「新大宅」概念。「豪宅≠好宅」的新裝修概念，在設計師的心中要先能具備好宅的諸多條件，才能進階稱上豪宅。好宅的設計元素，必須在簡潔空間線條中，透過材質的掌握表現出家的對話空間及氛圍，在簡單中找尋最耐人尋味、舒適的生活場景；同時具備有如「無形私人管家般」的收納細節設計，無需整理、輕鬆收納的空間。

在這一次的新書發表中強調的重點為「由內而外的設計概念」試圖傳達內化的新概念，因為大多數的消費者在規劃室內設計時，以往只在乎空間規劃與硬體設備而往往忽略了一個家的靈魂「傢具、傢飾」。它們點綴出整體空間的表情、溫度與依賴感；回到原點，理解室內設計的精神，品味生活中從傢具配置、空間規劃並且延伸到外在環境。我們何不在忙碌生活中學習enjoy life and living the best house...從案例可以發現，什麼才是住起來能感受到用心的好設計。

創空間集團執行長 洪韡華・Elen

RECOMMEND

推薦

用心的室內設計經典

西方諺語說：「魔鬼藏在細節裡」（Devil in the Details），越是重視細節，越能看見一個團隊的能耐，以及他們背後的用心。

擁有一個屬於自己的家，是多少人汲汲營營的夢想。當您決定裝修、將空間設計工作委託出去時，您會期待接下此重任的團隊，把它當作是一門輕鬆賺錢生意？還是為了得獎出名而設計？抑或站在您的角度為您設想，協助您建構出自己的幸福居家？

認識創空間團隊已近十年，一路觀察他們的成長軌跡。為了邁向最專業的工作團隊，他們一直保持學習動力，除了參與國內外各種大型設計展覽瞭解業界趨勢，主動地為屋主尋找最合適的設計方案外，他們也鼓勵同仁參觀藝術展覽，藉以為美學設計奠基。

在服務拓展上，從代理義大利經典沙發、引進正統北歐風格「BoConcept」家具品牌、堅持無毒環保綠建材的採用，以及打造無線科技智慧宅等，都是業界領先指標。他們更將數年來的工作成果，置放於線上雲端與APP應用中，讓身處不同地點的工作夥伴都能快速取得資料，為屋主提供最及時的服務。
在創空間集團洪韡華執行長的帶領下，其同仁塑造了「快樂工作、積極分享」的組織文化，這也是該團隊能夠持續成長，獲得客戶親睞的主因。從服務業角度出發，貼心為客戶著想，每個設計案例背後都有最完整的繪圖與監工紀錄，以及顧客滿意度調查，就是這種精益求精的自我要求，成就了創空間集團目前的組織規模。

《打造自己的Best House》這本書是創空間團隊在近年工作成果的一個重要總結，從各種空間動線規劃、收納需求巧思、風格美學設計等，我們都看見創空間團隊的用心，當然這樣用「心」的成果，必能作為室內設計的精彩典範。

城邦集團蜜蜂窩媒體事業處
綠．建築家 營運副總　　**許俊雄**

part1 STYLE

風格

尋找關鍵字：就像一首歌曲，除了好聽的旋律，至少會有一個關鍵字代表這首歌曲的精神與要訴說的意義，貫穿整首歌曲。對設計師來說，設計一間房子，要找出兩個面向的關鍵字，一個關鍵字是一間房子的風格，是北歐風、現代簡約風還是低調奢華風；另一個關鍵字則是透過五感體驗，幫屋主找出對這間房子的形容詞，讓設計出來的房子成為家中每個人每天都想窩著的地方。

現代簡約風

1-1 MODERN SIMPLICITY STYLE

SHARP

家的本質應該就是像這樣簡單明亮且溫暖的室內空間，使人放鬆又能夠得到療癒。

關於風格，設計師說——

一般人其實對於室內設計的「風格」並沒有那麼清楚的概念，因此，要業主提出想要什麼風格，其實是有點困難的。因此，我們的方式是讓業主談他所喜歡的元件，然後再從這些內容中，找出適合的風格。不過這樣的方式其實很花時間，後來我們就把各項元素分類為四大風格，現代簡約、自然休閒、現代古典、低調奢華。例如一般常見的北歐風就是現代簡約風格中的一種類型。從這些已經有明顯元素的風格分類來看，他們很快就能辨別出空間所帶來的氛圍。

簡潔、溫暖、明亮

這幾年在室內設計流行的現代簡約，基本上就是「黑、灰、白」、單一元素的俐落感。其實在之前，曾流行過「極簡」風格，但因為多數人無法接受極簡風格單一色調所帶來的冰冷，因此後來以簡單卻又不失溫暖的「北歐風」，成為現在最夯的設計風格之一。「北歐風」究竟是什麼樣的風格？在亞熱帶的台灣，如何能夠創造出高緯度北歐國家的

大片的白，使空間更顯乾淨寬闊。

在線條簡單的空間裡，用少量色彩明亮的元件來裝飾。

室內設計樣式？

其實在北歐風興起之前，大約五、六年前，因為當時的時空背景，多數人工作壓力大、充滿想要到南洋渡假的心情，因此市場上流行的是峇里島風，把許多自然元素加入室內設計中。而這一兩年盛行的北歐風，也與時空環境息息相關。因為大環境不佳，人心崇尚簡約、樸質，也想在都會生活中找到可以放鬆的地方，因此就加入了一些天然的元素。這些又不若之前峇里島風那麼繁複，同時也提升了精緻度。

但其實真正的北歐風格，因為當地緯度高、日照時間短，寒冷時期較長，所以他們會使用許多原木來提高視覺的暖度，並在顏色上提高彩度，同時，因為不想要太複雜，就把線條設計的很純粹。也就是說，在線條簡單的空間裡，用少量色彩明亮的元件來裝飾就是北歐風的主要特色。

同時，北歐風不只在台灣成為主流，因為大環境的關係，現在也是全球的趨勢。

除了原本屬於北歐的素材之外，在台灣也加入了一些搭配的元素，也就是我們統稱的現代簡約風。

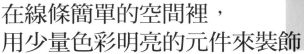

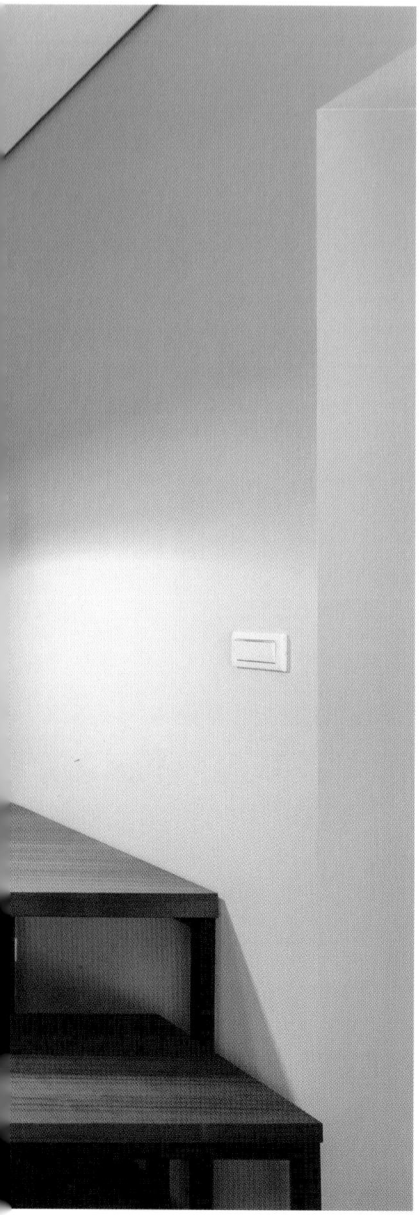

書桌與特製的櫃子互相呼應，櫃子不僅有實用的收納功能，也是很獨特的裝飾。

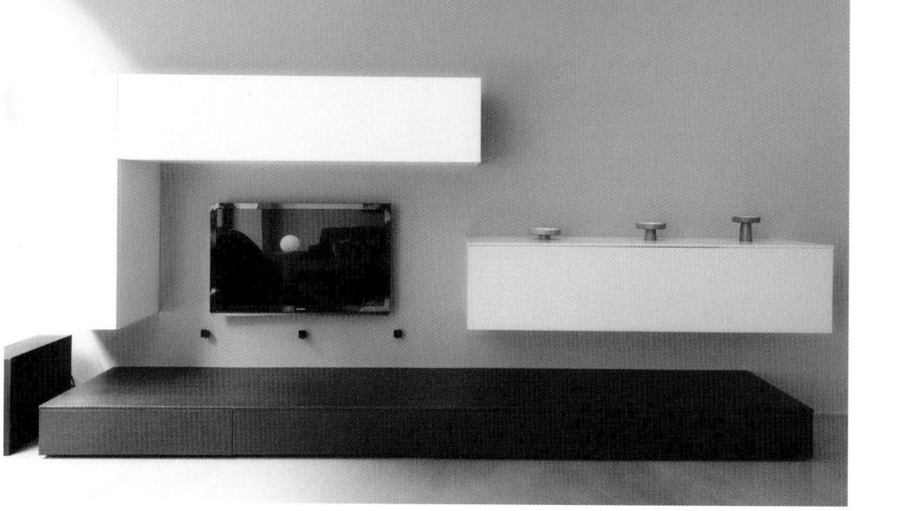

多數的設計都是從大空間開始，然而，現在因為有所謂的風格，由內而外的室內設計，反而成為更能掌握住設計精髓的方式。過去的室內設計是先把外殼裝潢好，再去找傢具來搭配；現在則是找到業主喜歡的傢具（材質、設計）成為室內設計的主角（關鍵字），設計師再去搭配這個主角作整體的規劃。這種方式的好處是可以讓整體的設計焦點更加集中。

北歐風的靈魂——天然的原木

屬於天然材質的原木，具有讓人放鬆的效果，特別是未經雕琢或特殊加工、具有粗獷感的原木及原木質感的配件，保留了自然的氣息，也成為裝飾的一部分。原木的應用不只是地板，櫃體、椅子也都可以成為空間中的暖意來源。

由內而外的設計理念。

現代簡約風格的特色——適時的留白與對比

色彩上大量使用黑、灰、白，而建材方面則是以鐵件、玻璃、石材和木頭為主。以重色調的黑對比淺色的白。可以說，簡單的設計，牆面不過度裝飾，適時的留白是現代簡約風格的特色之一。不過留白並非純粹使用白色，有時整片牆面的跳色也是屬於留白的感覺。

北歐都會風格

深色的木地板搭配白色的沙發和以纖維板取代清水模的電視牆，是標準簡潔又溫暖的北歐風格。不過北歐風並非只有原木，搭配鐵件、玻璃，也能在木頭的溫潤感之外，另外塑造出清爽俐落的都會時尚感。另外，設計師也展現了貼心的巧思，拆除原本陰暗的樓梯牆面，以鐵件拉出樓梯線條，搭配原木扶手，加上安全強化玻璃，成為明亮又溫暖的樓梯空間。

新竹新光大道　劉公館

成員：夫妻、二小孩
坪數：55坪
設計風格：現代簡約風—北歐
房屋類型：大坪數
空間格局：玄關、客廳、餐廳、雙主臥、小孩房、書房、衛浴×3、陽台
主要建材：清水模纖維板、不鏽鋼毛絲面、茶玻、胡桃木家具、超耐磨木地板、鐵件、ICI油漆

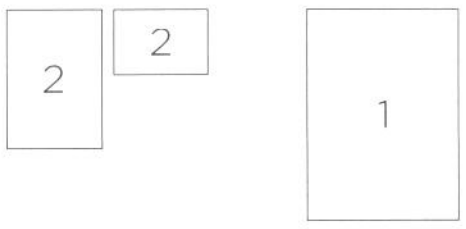

1. 讓主要傢具──沙發成為舒適居家空間的主角。
2. 誰說室內的樓梯一定會是家中陰暗的角落？鐵件與玻璃的組合，搭配階梯上的深色木板，創造出俐落的時尚感。

自然光與影的家

利用建築物本身環境的優勢條件，讓溫暖陽光與新鮮空氣成為家的主角，毋需過多的施工與裝飾，而是利用色彩、精選家具及藝術作品，構築出經典簡約的北歐居家精神。從空間的設計到傢具的挑選，甚至裝飾的畫作也成為室內設計的一環。

高雄美術之星　李公館

成員：夫妻、二小孩
坪數：51坪
設計風格：現代簡約風──北歐
房屋類型：大坪數
空間格局：玄關、客廳、餐廳、雙主臥、小孩房、書房、衛浴、陽台
主要建材：天然板岩、不鏽鋼毛絲面、茶玻、各色油漆、線板、胡桃木家具

2

1

3

1. 胡桃木家具是溫暖舒適的閱讀、休息空間。
2. 大地色系的壁面配上特別挑選的藝術畫作，彰顯出居住者的氣質。
3. 玄關不僅是入口，也是藝術品展示區，更作為客廳、餐廳及廊道的分界點。

明亮通透的開放式空間

有時候，因為人習慣了狹窄密閉的空間，突然面對較寬廣的空間時，可能會不知所措，就像擁有一間坪數較大的房子，就會想要充分利用每一坪。但其實捨去一些隔間、夾層的使用，依照現在和未來的居住成員，分配適當的空間比例，重新規劃符合需求的格局配置，讓光線穿透整間屋子，讓空氣自在流通，反而可以讓居住的生活品質更好、心情也更開闊。

台北心六藝 莊公館

成員：夫妻、一小孩
坪數：70.5 坪
設計風格：北歐
房屋類型：大坪數
空間格局：玄關、客廳、餐廳、主臥、小孩房、多功能房、書房、衛浴、陽台
主要建材：木皮、玻璃、鐵件、特殊磚、石材、進口壁紙、木地板

1
2

1. 沿著天花板的設計，從客廳電視牆後面延伸過去的是餐廳和透明玻璃隔間的書房。書房的地板做了圓弧形的設計，不僅和天花板的圓弧相呼應，也是設計師為這個家庭未來的小孩成員預先所做的安全貼心設計。
2. 客廳、餐廳、廚房雖然沒有明顯的隔間，屬於開放式空間，但利用不同的天花板造型區隔各個區域，讓生硬的界線化於無形，卻又達到分野的目的。

小空間的開放感

即使坪數較小，也能透過設計展現出北歐風格。將廊道變成使用空間、減少直角形成的視覺衝突，用弧形的設計，做出延伸的感覺。北歐風的原木、留白特色，在此也展露無遺。

合康捷境 張公館

成員：夫妻、一小孩
坪數：22坪
設計風格：現代簡約
房屋類型：小坪數
空間格局：玄關、客廳、餐廳、主臥、小孩房、多功能房、主衛、客衛
主要建材：鐵刀木木皮、黑白色皮革美耐板、仿古橡木木地板、煙燻橡木木地板、黑森林橡木木地板、霧鄉油漆、繃布、壁紙、系統櫃

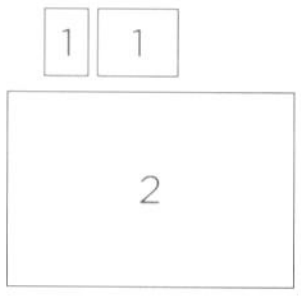

1. 架高的和室空間，用玻璃做牆和門片，時尚感十足又能讓空間呈現穿透感。
2. 白色的櫃體和房間門門片一體化的設計，擴大了空間感。

黑與白的時尚空間

即便是一樣的設計師，面對不同的空間、不同的屋主，絕不會有一模一樣的設計。因此，居住空間才能透過設計師之手，反應出居住者的氣質。在這個坪數不大，以黑與白為基調的設計裡，用大片的白讓空間顯得更寬闊，用沙發與電視牆部分的黑，穩定重心。穿過玄關似有若無的灰玻屏風，視覺的焦點即是大窗外的自然美景。

台北涵碧 陳小姐

成員：夫妻
坪數：24坪
設計風格：現代簡約
房屋類型：小坪數
空間格局：玄關、客廳、餐廳、主臥、客臥、衛浴、工作區
主要建材：灰玻、灰鏡、鋼琴烤漆板材、系統櫃、造型木作、繃布、三洋地壁磁磚、ICI壁漆、壁紙、超耐磨木地板、明鏡

1. 大塊切割、鋼琴烤漆的白色電視牆使空間更有氣質。玄關的灰玻屏風既有分隔內外的效果，卻又能夠保持視覺的穿透。
2. 白色的餐桌椅與深色櫃子呼應了整個空間的黑白基調。

現代古典‧低調奢華

1-2 MODERN CLASSIC‧LUXURY MINIMAL

宛如置身歐洲沙龍裡的休閒空間。

現代化處理後的古典華麗感

室內設計中所謂的華麗風格，其實是從巴洛克風格演變而來，與其說是華麗風格，更適合的說法是「現代古典」，甚至不能說是「新古典」，因為之前的「artdeo」還是太古典。所以把「古典」的華麗再抽掉一些，就是現在所謂的「現代古典」。在一個名詞中，出現現代和古典兩個截然不同時空感覺的名詞，看似矛盾，但其實這是將古典風格加上現代的元素，讓原本「裝飾華麗」、「精雕細琢」、「線條繁複」的巴洛克風格成為另一種創新的古典風格。

「現代古典」最明顯的特色，例如天花板會做相當多的層次，但是建築的立面就會做得很單純。實際運用在室內設計中，就會看到這種風格在「天」的部分做出多層次、線板，在「地」的部分則是做很多拼花、滾邊處理。立面會用一些金箔、銀箔或線條優美的線板，做出華麗感。但這些華麗還是經過了調整，並沒有那麼的巴洛克。

真正的巴洛克則會在很多細節上顯現古典的元素，例如拱門、柱頭、線板。然而這些古典元素太過繁瑣的時

以現代古典作為設計主軸，簡化傳統古典的語彙、及線板的層次，讓空間變得更簡潔而柔和。

透亮的水晶球體折射出躍動的晶燦光束，下方地坪上的花語圖騰圈出古典豪宅語彙與天花板設計呼應。

候，在現代的生活空間中，就會讓人覺得很沉重。

但喜歡華麗風格的人，還是想要感受視覺上的豐富，因此，在追求豐富之餘，要讓這個感受不至於太過沈重，就是植入現代的新元素。因此也有人稱這種現代古典是「低調奢華」。

不論是「現代古典」或「低調奢華」，這樣的設計風格，會讓室內空間看起來更豐富、優雅，身處其中，宛如穿越時空到了屬於自己的古典時代。

在小空間利用古典的傢具配件，也能做出低調奢華感。

櫃體的線板與水晶吊燈呈現低調奢華感，但現代感十足的餐椅，則為這個用餐空間增添了清爽俐落的氛圍。

大理石地板、皮革沙發、還有繁複的天花板設計，呈現標準的現代古典風格。

硬體古典，傢具現代

現代古典風格並非從裡到外一應採用古典元素。現代流行的是硬體（室內空間）的設計走現代古典風格，但是傢具並不會用歐式傢具，而是採用現代線條簡約俐落的傢具，塑造出另一種衝撞的美感。這樣的搭配也是讓整體風格不至於走向太古典的感覺。

在現代古典的風格裡，古典元素與現代風格比例的調和，決定了空間呈現的古典濃度。

大理石・皮革・金銀色

要呈現低調奢華的現代古典風格，少不了大理石、皮革、金銀色這三種元素。在現代古典風格的室內設計中，最常見的是使用大理石呈現空間的寬闊與大器，加上古典繃法的皮革處理方式，例如作為電視牆、床頭板，甚至是皮革沙發的樣式。而在空間中最具畫龍點睛效果的就是金銀箔和雕花，即使只是在邊框勾勒金色線條，華麗感也油然而生。

優雅的華麗

過多裝飾的古典風格，乍看之下非常美麗，但久了卻很容易使人厭膩。要使空間耐看，細節便是重點。走低調奢華的現代古典風格，將繁複化為優雅。即使不用大理石地板，穩重的上等實木木地板和閃亮的水晶燈、義大利牛皮沙發，和隱藏在牆面各處的雕花、香檳金箔和施華洛世奇水晶，在以白色為基調的空間裡，成就了氣質迷人的豪宅。

信義計畫區 楊公館

成員：夫妻、三小孩
坪數：101坪
設計風格：現代古典
房屋類型：大坪數
空間格局：玄關、客廳、餐廳、廚房、輕食區、雙主臥、更衣室、小孩×3、閱讀空間、衛浴×4、花園、陽台
主要建材：閃電米黃石、手工金銀箔、進口壁紙、雷射雕花版、實木地板、氣墊式木地板、線板、施華洛世奇水晶、鑽雕玻璃、陶烤門、攀岩牆、造型壁貼

1

4 3 2

1. 餐廳牆面裝飾由設計師挑選的銅雕作品「神秘的盛開」，不僅讓藝術成為整體設計的一部分，也彰顯出美學的品味。
2. 拉出重複線條的天花板，作成圓弧形，和方正的電視牆成了天地方圓的對比。電視牆用雷射切割的幾何圖形花紋，呈現縷空穿透性的美感。
3. 米色鑲嵌施華洛世奇水晶的主牆面、床邊櫃、沙發椅、甚至兩側的夜燈，既古典又浪漫，臥室內的櫃子門片線條，是整體設計中的串連元素，與公共空間如客廳、餐廳的櫃子門片相呼應。
4. 室內設計即使用了頂級的建材、奢華的傢具，若少了為居住者的貼心設計，只是樣品屋而已。為了配合孩子的成長，設計師貼心的在洗手台裝設了活動踏墊，讓小孩洗手、刷牙都更加便利，而且使用上安全、簡單，也容易收納。

簡約風與華麗感的融合

俗話說「兩人成家」，不同個性與喜好的兩人，要如何打造一個每天共同居處的家？設計師為喜歡 Bling Bling 華麗感的女主人，以及個性穩重不喜花俏的男主人，打造的是在簡單俐落的整體空間中，可以看見華麗元素的細部設計。銀箔線板、局部的馬賽克與水鑽點綴的水晶吊燈，將現代古典風格中所重視的天花板線條設計運用在空間中的線條延伸，造就了更磅礡的居家氛圍。

台北中悅彼得堡 賴公館

成員：夫妻、一小孩
坪數：72坪
設計風格：現代古典
房屋類型：大坪數
空間格局：玄關、客廳、餐廳、雙主臥、小孩房、客房、書房、衛浴
主要建材：進口馬賽克磚、石材、玻璃、繃布、繃皮、進口壁紙、系統櫃、木地板、畫框、鏡面不銹鋼、施華洛世奇水晶

1. 馬賽克與水鑽交織的華麗。玄關以黑金鋒石材搭配銀箔馬賽克磚展現沉穩與華麗，從入門即可感受到典雅大器的質感。走道底端則使用水晶串珠門簾加以裝飾，區隔了書房與玄關，又達到光線穿透的目的。門簾的另一邊，即是書房。
2. 與簡單大方的客廳相較，餐廳顯得華麗典雅。後方為男主人的宴客需求，設計了展示用的玻璃酒櫃、附有冰箱的迷你吧台櫃子，當客人來訪時，男主人可將迷你吧台拉出來，在此調酒。
3. 另外餐桌底端看似為茶鏡的造型牆面，其實是貼上了隔熱紙，並在後方隱藏了電視，需要使用時只要翻轉中間區塊，即可邊用餐邊觀賞電視節目。
4. 主臥室延續了客廳的設計元素，以白、灰色為主，牆頭板上繃白色皮革，綴以施華洛世奇水晶。

	1
	2
4	3

追求設計的極致

在以設計感為主軸，講究材質、造型的品味與質感，不考量收納等實際功能的需求下，所完成的是開放式的公共空間，包括客廳、餐廳、廚房、書房，同時，天花板與牆面所有線條都是斜邊交錯，主牆的不銹鋼ㄇ框自斜角六十度窄斜上升，與天花有著層次呼應，另亦有放大面寬效果。跳脫一般概念的設計，讓空間更加變化多端。

台北國庭一品 何公館

成員：姊弟
坪數：40坪
設計風格：低調奢華
房屋類型：標準格局
空間格局：玄關、客廳、餐廳、主臥、弟弟房、長輩房、書房、衛浴
主要建材：石材、玻璃、繃皮、進口壁紙、系統櫃、木地板、畫框、鏡面不銹鋼

1. 深色的牆面既是隔間，也是櫃子，同時還隱藏了房門的門片。
2. 穩重的皮革沙發成為開放空間的主角。
3. 由於玄關與電視主牆在同一側，為了不讓玄關破壞牆面的完整，透過不銹鋼折出ㄇ字框，將玄關入口收在同一面，產生主牆無限延伸的錯覺。

相同元素 做出不同變化

每一間房子的設計都有屬於自己的個性，即使被冠以如現代古典風格之名，相同的元素，在每一個空間裡，也會創造出截然不同又似曾相識的連結感。例如在現代古典風格中常見的「線板」，即使是相同粗細或形狀，可能因為使用顏色與位置的不同，在不同的空間就會帶出微妙的差異。

1. 設計師在餐廳主牆上以藝術畫框包覆大型鏡面，藉由鏡面的反射原理將後方的空間收納進鏡面裡，仿掛畫的設計手法，讓家中的用餐空間，宛如19世紀歐洲的藝術沙龍。
2. 明亮開放的客廳空間看似極簡的舞台，讓大理石地板上的藤色桌子與白色沙發和單椅，成為目光焦點的主角。
3. 每個空間裡的櫃體線板，和其他空間既相似又不同。

台北家居雲門 陳公館

成員：夫妻、父母、貓
坪數：42坪
設計風格：美式新古典
房屋類型：標準格局
空間格局：玄關、客廳、餐廳、廚房、書房、主臥室、更衣室、衛浴、孝親房、起居室
主要建材：洞石、黑金峰大理石、噴漆、系統櫃、乳膠漆

以古典姿態，遊走在現代風格

在大坪數的空間裡，以現代古典作為設計主軸，簡化傳統古典的語彙、及線板的層次，讓空間變得更簡潔而柔和。但因為放入鑽雕玻璃、黑色鋼烤等現代性建材，及進口壁紙、水晶燈，使空間更輕巧，客廳的視聽櫃、書房的隔間與門片、餐廳主牆與展示櫃等，都可以看見融合古典與現代的痕跡。

台北中悅彼得堡 林公館

成員：夫妻、父母、一小孩
坪數：72坪
設計風格：現代古典
房屋類型：大坪數
空間格局：玄關、客廳、餐廳、廚房、書房、主臥室、更衣室、衛浴、孝親房、起居室
主要建材：黑雲石大理石、鑽雕玻璃、黑色鋼烤、進口壁紙、噴漆、系統櫃、乳膠漆、陶烤門

1. 餐廳的三面牆均延續客廳主牆的壁紙圖騰與線板設計，強化空間的一致性。展示櫃門片的鑽雕玻璃和進口圖騰水晶吊燈，是古典氛圍不可或缺的要素。
2. 萊姆綠的小孩房有著清新活潑的歐式風格，搭配絨布質地的紫色沙發床與線板門片，延續整間房子的古典風情。
3. 客廳主牆使用大馬士革圖騰與線板，形成焦點，搭配壁燈表現優雅質感。時尚的進口傢具也是營造的古典氛圍的一環。雖然整體顏色淡而溫和，但圖樣與線條仍透出濃厚的古典感。

	1
3	2

自然休閒

1-3 NATURE STYLE

文化石作為壁材，營造出粗糙、質樸的天然原始感，也是自然休閒風格的變化之一。

將自然帶入家中

居住在都市中的現代人，因為工作帶來的忙碌與壓力，往往渴望一個可以喘息、放鬆的空間。或者天天嚮往渡假而不可得的時候，就會想把自己的家，變成一個可以暫時脫離外面世界的避風港。

通常會選擇自然休閒風格作為室內設計風格的屋主，本身就是喜歡親近大自然的人，也可能是經常到東南亞旅行，喜歡峇里島那種自然的風格，希望回到家就像在渡假飯店一樣放鬆。

但是若把渡假飯店那樣的設計搬到都市的家裡，可能又顯得太過、太搶眼，因此將這樣的風格引導至住宅的室內設計中，讓家裡擁有渡假的氛圍，卻也很耐看，是適合居家空間的設計。

在設計的時候，會將接近天然質感的材質和元素帶進住家中，例如板岩磚、或板岩的石材、自然的木皮，而這木皮的質感又比較偏向柚木、梧桐木皮，將這些自然材質做大面積的設計。

雖然現代簡約風或北歐風也會使用木皮或木材的來點綴，但是在自然休閒風格的展現上，木皮的使用面積更大，為的就是把自然的感覺帶進家裡。另

臥室的大窗和南方松的陽台，
讓人彷彿處於渡假飯店之中。

加大浴室空間，享受專屬的泡澡時光。

外，在顏色的搭配上，自然休閒風格以咖啡色、中間色和大地色系為主，因為以顏色帶給人的感受來說，大地色系就是屬於溫暖、安全、放鬆的感覺。例如古典風格可能會有很多的白去做對比色，自然休閒風格的顏色搭配性是比較不會出現強烈對比的。

偶爾小住的渡假飯店雖然很舒適迷人，但家畢竟是長久居住的場所，在自然元素之外，實用性與耐看度才是設計的終極目標。

植物的綠意盎然是空間中最好也最實用的裝飾。

採光、通風、會呼吸的家

既然是因為嚮往自然選擇了自然休閒風，不管是大坪數或是小坪數，大面窗戶的設計和空間的穿透性，塑造出明亮、通透的空間，讓光線穿透，讓風在家中進出，人處在這樣的環境裡，心情自然會跟著明亮開朗起來。甚至可以用格柵窗或是竹簾等獨特的設計，讓光影和空氣在家中時時刻刻出現不同的變化，增添更多生活情趣。

有了陽光和空氣這兩樣植物維持生命的要素，要打造自然休閒風格的居家環境，當然也少不了植物的裝飾，把植物變成居家設計的一部分，由這些原本就會呼吸的自然元素，成為家中最真實的「自然」，也是自然休閒風的迷人之處。

讓素材為空間帶來生命力

將自然的元素引進家中，是自然休閒風最明顯的特徵。大量使用天然的木材、石材做地板或是牆面等大面積的使用，同時以木皮或是竹片製作的傢具或

櫃體，讓整個設計一體化。

同時，能為空間帶來生命力的素材除了天然的材質，紋路、花色也是影響視覺感受的方式之一。例如沙發、窗簾等布織品使用粗麻的材質或草葉的紋路；或者挑選藤製的單椅、竹簾、榻榻米等沒有太多加工的材質所製成的傢具和裝飾品。

不管是帶有禪意的日式自然休閒風，或是色彩繽紛的南洋式自然休閒風，搭配得宜的素材都會成為空間舞台的主角。

GOING GREEN IN THE ROOM

山林裡的溫泉小套房

　將8坪大的小套房打造成一家三口專屬的渡假空間，享受在北投擁有專屬泡湯空間的奢侈。

　考量到度假時光的機能需求，設計師將原有的廚房空間拆除，改以玄關櫃體與電磁爐設備結合，滿足休閒時刻的輕食可能，且為了增加空間通透，對向處的衛浴空間 也將原本封閉的牆面開啟，改以玻璃隔間，加深了光影舞動景深；而玄關地坪拋光石英磚，也更換為板岩地磚，深色質地預防落塵，也注入休閒氛圍。

台北草山水美 林公館

成員：夫妻、二小孩
坪數：8.5 坪
設計風格：日式禪風
房屋類型：新屋
空間格局：睡眠區、休憩區、泡湯區、衛浴
主要建材：柚木皮、灰板岩、榻榻米、實木地板、茶鏡

1. 在8坪大的空間裡，為了減少密閉空間的設計，設計師在衛浴發揮了巧思，採用如休閒飯店式格局，用清玻與毛玻製造視覺穿透；磚面為板岩材質，與泡湯區相呼應。
2. 具光影穿透的泡湯區鋪以四片式木格柵活動推門，不僅能保持空間的自然採光度，甚至更能同時感受到光影會隨著時間，逐漸變化它的姿態，讓屋主享受慢活悠閒禪趣氛圍。

PRETTY STYLING
DETAILS

為寵物與小孩設計的家

當家中有幼兒和寵物的時候，除了要求風格，建材其實是設計中最重要的一環。

整體空間的建材大量使用木材，同時為了讓地板能夠耐抓、符合安全性，特別選用了「仿木瓷磚」，不但維持了設計的整體感，也達成了業主的期望，更讓地材的保養變得容易。以白色的文化石堆砌而成的電視牆，粗獷又質樸的氛圍，和其他木質地板、傢具所呈現的溫暖悠閒，構成了自然休閒風格的主題。

富邦大衛營 劉公館

成員：夫妻、狗
坪數：32坪
設計風格：自然休閒
房屋類型：標準格局
空間格局：客廳、餐廳、開放式廚房、書房、主臥室、小孩房、雙衛浴、陽台
主要建材：曼特寧木板、清玻、明鏡、文化石、木紋磚、超耐磨地板

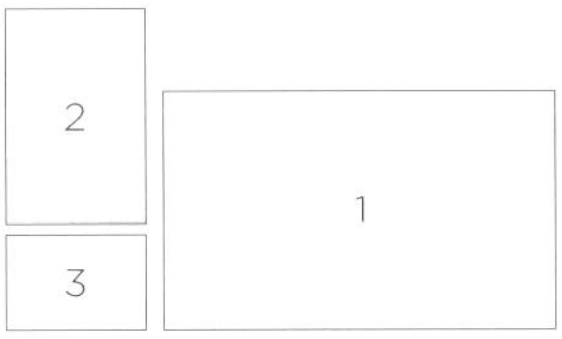

1. 客廳牆面一面用木皮、一面用白色文化石，在一致的自然休閒感中，也有出溫潤質樸的氣氛。
2. 餐桌椅、櫃體和地板多重木皮紋路和顏色的設計，讓小空間也有多變化。
3. 在有限的空間，規畫出一角，作為閱讀的空間；當有客人來訪時，可用來泡茶、聚會；鋪上被毯，就變身為簡易客房。

為了老後準備的無障礙空間

在充滿峇里島渡假風格的設計裡，藏著設計師為屋主「無障礙空間需求」的各種貼心設計。因為除了房間之外，玄關、客廳、餐廳、廚房全採開放式設計，與公共區域連結的主臥與書房，也是做半開放式的隔間，而所有的隔間，都是採用可收的拉門設計，保留了隱私，也能夠做到穿透。在考量空間格局與需求之後，依舊能夠呈現出屋主所喜歡的宛如峇里島的原始與天然，同時擁有現代休閒的簡約，讓南洋的休閒在現代與原始中達到平衡。

大學哈佛 L公館

成員：夫妻
坪數：31.5坪
設計風格：自然休閒
房屋類型：小坪數
空間格局：客廳、餐廳、書房、主臥室、小孩房、衛浴、陽台
主要建材：白橡染灰木皮、岩面地磚、洗石子、石頭漆

1

2

3

1. 在自然休閒風格裡，納入長久居住的舒適性考量，以「都市中的大自然渡假環境」為題，用天然材質如抿石子（地面）、竹簾，結合穿透感以及把自然帶入室內的設計。
2. 沙發後方的書房區，也採用可收納的門片來作為區隔。
3. 這個角度是屋主一家人最滿意的視野，坐在餐桌不論往客廳還是書房，都有極佳的戶外景觀，當書房跟主臥拉門都收起來，室內的每一處都盡收眼底，與家人輕鬆互動，整個空間感受是非常寬敞且舒服的！

納入山林綠意的家

擁有兩面面山地理條件的家，從休閒風格出發，客廳大面積的窗戶，讓窗外與室內形成一體，建材多用實木（地板）、鏽磚（電視牆）能感受樸質、自然的素材，或是具有自然意境的材質，像是瀑布玻璃。同時，在不變動既有隔間的情況下，不僅滿足了所有成員所需的空間，還增加了一間運動兼休憩的多功能室、一間閱讀室，居住在其中，宛如在山上渡假，不僅有美景，還有休閒閱讀的空間。

台北遠雄日光 劉公館

成員：夫妻、二女一男（小孩）
坪數：40坪
設計風格：自然休閒
房屋類型：標準格局
空間格局：玄關、客廳、餐廳、書房、和室、主臥室、小孩房、更衣室、衛浴
主要建材：柚木木皮、繡磚、榻榻米、實木地板、茶鏡、鐵件、系統櫃、美耐板、進口壁紙、石材

1 | 2

1. 架高、做圓弧形的透明玻璃屋，就是多功能的休閒空間。
2. 以深色木地板為主要元素的簡單空間設計讓窗外的美景成為吸引目光的焦點。

part2 FUNCTION

功能

小坪數

2-1 NARROW SPACE

在寸土寸金的城市裡，動輒五、六十坪以上的大房子，對一般民眾來說，是遙不可及的夢想。面對眼前的現實，小坪數的房子如何創造高坪效，使空間看來寬敞、讓居住者住得舒適，考驗著設計師的功力。或許最厲害的設計師不是設計那種預算無上限、坪數超大的房子，而是將一般二、三十坪的房子打造成屋主的理想國。

破除廊道的設計概念。

沒有廊道的空間。

空間大利用

以風格來說，小坪數的房子多數都以簡約、輕古典，或者休閒為設計風格走向。

小坪數空間的設計重點就在於空間的極致利用。例如年輕新婚的夫妻或小家庭購買小坪數，但又想預留未來家中增添新成員的空間。設計師不只關注屋主眼前的需求，還必須將未來的需求納入考量。

首先是思考動線，在有限的坪數裡，切割出符合各種功能需求的空間。特別是一般住宅會分開的客廳和餐廳，在小坪數的例子裡，就會作成客餐廳，變成多功能的空間。或者將廚房和餐廳做成開放式，把公共空間的比例放大，盡可能減少走廊，讓空間也是廊道，把廊道納入空間內，使用者就不會感覺有任何廊道。

在空間的利用上，把至少三種以上的功能集合在同一個元件中，就是小坪數設計的關鍵。例如開放式的廚房，會有上下櫃，或是做一個中島，這個中島既是廚房使用，也有可以當餐桌、吧台、還有收納的功能。或是窗邊的空間，可以做臥窗、也可以做收納，也能是端

天花板上的樑，位置剛好區隔了客廳與餐廳。

景，讓一個地方有多重的功能。

另外透過光線和顏色的搭配，例如天和地採用單色的配色，甚至木頭、建材都必須將顏色做輕亮化的設計。

在設計手法上，採用反射面的鋼烤處理或鏡面處理，讓空間有加大的效果。以各種視覺上的感受放大空間，彌補實際坪數的不足是設計師的巧妙之處。

電視牆的後方隱藏了獨立的洗手檯，將柱子修飾成造型磚牆，巧妙地將管線、收納櫃及梳妝檯整合在一起。雙面櫃的概念，把原本的室內廊道空間搖身一變擴充為多功能的用途。

餐廳與客廳的隔間門片可全部收起，增加空間的開闊性。

小地方的真工夫

開放式空間的設計會讓人產生視覺上「亂」的疑慮。這時候，就會設計一些隱藏式的收納，把收納的空間做在看不見之處。甚至隱藏式門片，都能讓空間有放大的效果。而房屋內無可避免的樑下、柱子，也可以設計成隱藏式的櫃子，既能夠塑造整體空間的美感，又增加收納的功能。常見的設計如玄關櫃、

鞋櫃、屏風櫃三者結合，功能性更完整。

除了做隱藏式的收納，在現代的室內設計中，當希望小空間有通透感、希望能夠一眼看到家中各處各成員的活動時，將室內隔間設計成宛如日式平房在主屋與緣廊間的隔間或隔門可統一收整起來的門片，也是設計師獨到的巧思。

電視牆左右兩側設計了拉門，可跟電視牆收齊，既是完整的牆面也是臥室的出入口。

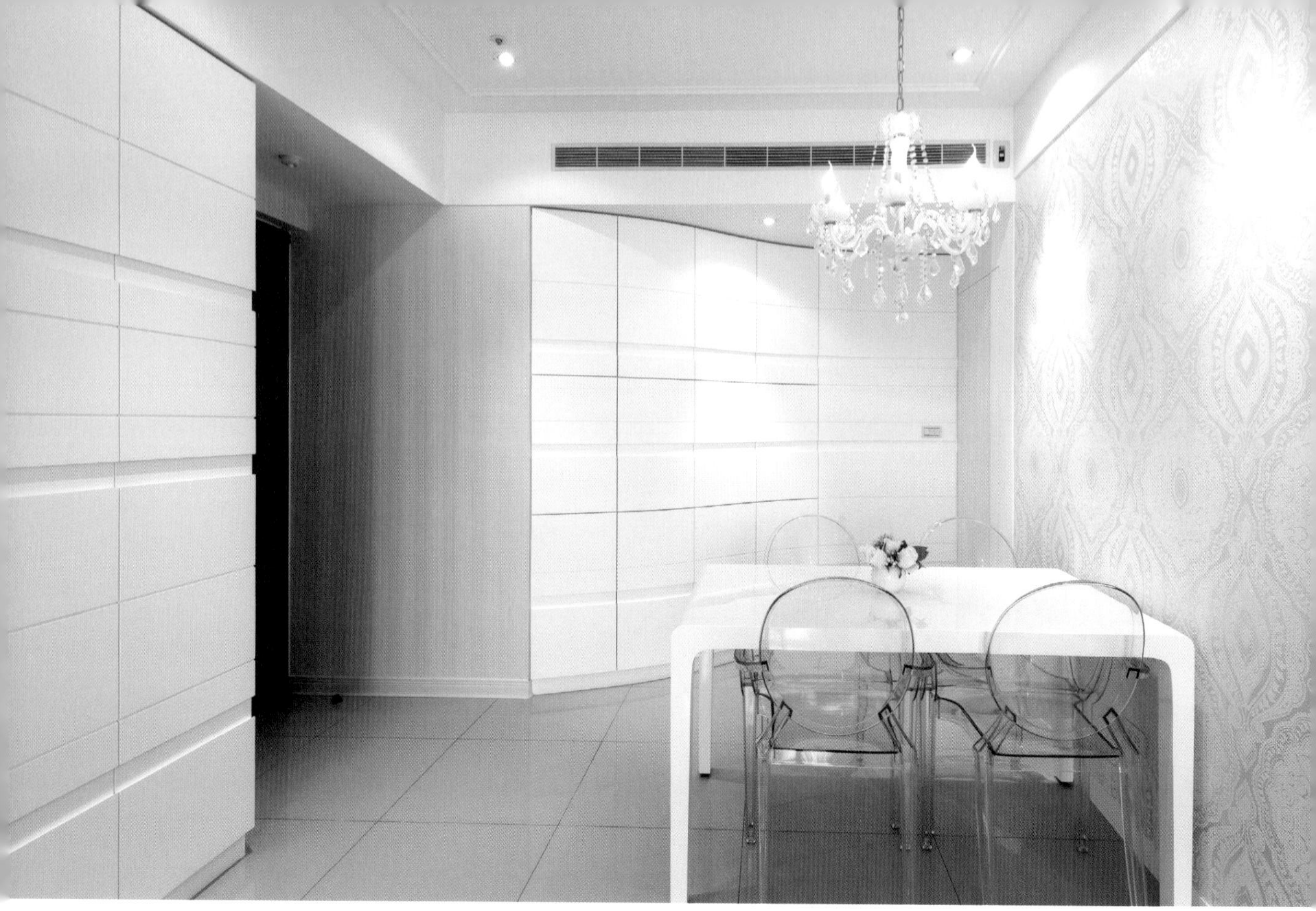

1

2

1. 餐廳另一側流動線條的櫃體造型，是屋主最滿意的設計，不只化解原本菱角的尖銳與無用，多出收納空間卻不會擋到廚房入口，讓畸零空間得到最佳效用。造型上，面板的線型分割正好與流線型的櫃體達到理性與感性的平衡。
2. 主臥主牆的左側將衛浴門片改以明鏡設計，達到一致性的視覺效果，也解決穿衣鏡的需求。天花板處也做了收納，妥善利用每個可使用的空間。

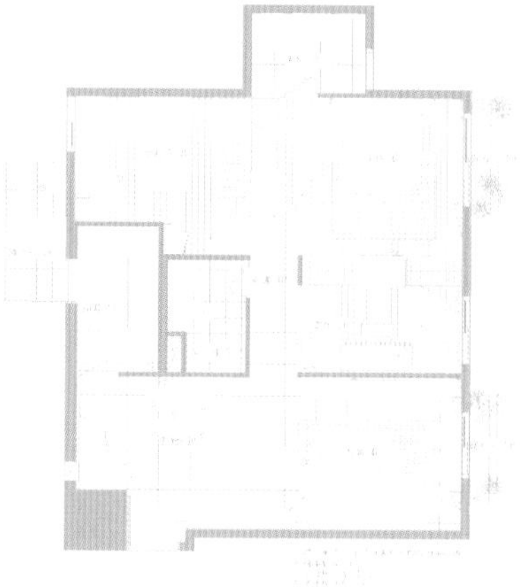

台北皇勝喜悅 張公館

成員：夫妻、一小孩
坪數：24坪
設計風格：現代古典
房屋類型：小坪數
空間格局：客廳、餐廳、書房、主臥室、小孩房、衛浴、陽台
主要建材：線板、進口壁紙、比利時進口木地板

1

2

1. 電視牆使用大面積的石材，在小空間裡也能營造大氣勢，並用間接燈光營造時尚空間的層次感。
2. L型的廚房，融合了餐廳與廚房的動線，同時利用鏡面反射材質來放大空間感及光感，冰箱四周都是收納空間。

台北力麒村上 黃公館

成員：夫妻
坪數：17坪
設計風格：現代簡約
房屋類型：小坪數
空間格局：客廳、餐廳、主臥、書房
主要建材：曼特寧木皮、木化石大理石、茶鏡、鐵件、英式線板窗框

大空間

2-2 LARGE SPACE

當一室的居住人口不只兩、三人，甚至是三代同堂，就會面臨到世代的差異、生活習慣的不同、喜好的風格也各不相同；相對的設計上也會面臨生活空間的分配與使用必須考量每個成員的需求。雖然可能因為喜好不同，在公共空間上難以呈現某種明顯、特殊的風格，基本上會維持公共空間的整體感，但在各自的空間，利用一些單一的元件作為整體的串連之外，還是可以做出明顯的風格差異。同時，塑造出大家可和樂共處的公共空間，以及可回到安心自在的私人場域，看似區分，卻又彼此相容。

用心的設計讓居家更安全。

簡單的設計、溫暖的色調是大家庭公共空間的設計重點。

整合所有的需求

基本上大家庭的設計概念是「分區管理」，特別是客廳或餐廳的設計，例如年輕人喜歡輕食、開放式的廚房，但因為二世代的關係，還是必須規劃熱炒區，以不同的功能設計滿足各自的需求。

而客廳則是設計為多功能區域，例如切割成起居區、會客區、將實際使用功能分割得更明顯。

安心舒適的場所

特別是家中有長輩的設計案，以他們多為客廳、餐廳等公共空間的長時間使用者來考量，不會設定為極簡風，也比較不會採用較冰冷的材質，例如鐵件等現代的元素。因此兩代、三代同堂的空間大多會走向溫馨的路線，整體視覺的溫度也會比較溫暖。

因為有長輩和小孩，因此安全性也是設計上較為著重之處，當然建材上也會更講究，例如使用防滑、防摔、輔助的設計，甚至是環保綠建材。

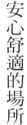

1

2

1. 可收納的穿鞋椅，是體貼長輩的貼心設計。
2. 即使坪數不大，仍能規劃出四房；公共空間走溫馨路線，但在個人的空間中，依然可以保有各自喜好的風格。

台大綠 李公館

成員：三代同堂
坪數：35坪
設計風格：現代古典
房屋類型：新屋
空間格局：玄關、客廳、餐廳、雙主臥、小孩房、書房、衛浴×3、陽台
主要建材：比利時進口環保木地板、進口磁磚、翡翠檀山形花木皮、鐵件、灰姑娘、黃金木化石、鍍鈦金屬、進口壁紙、竹炭漆、丹麥進口家具

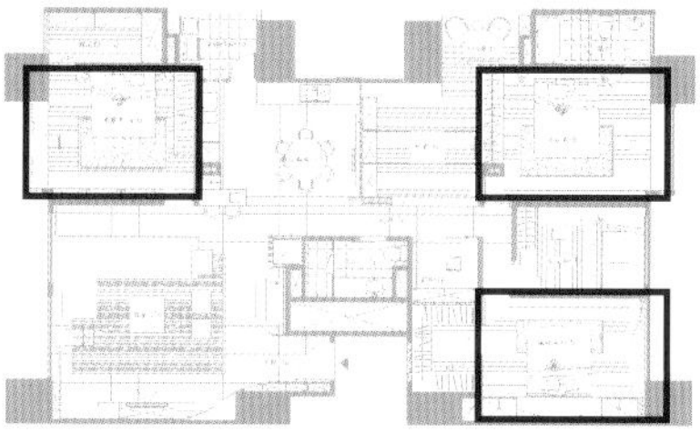
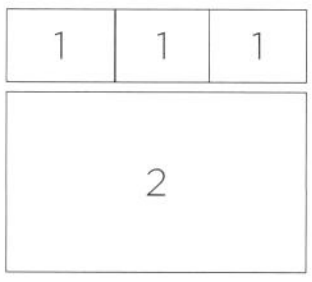

1. 離開公共空間，三間房間各是私人安心休憩的空間。
2. 寬闊的客廳空間與可聊天泡茶的和室，是讓感情很好的兄弟姊妹，平時散居在各地，回國時可以大家相聚在一起，同時能夠卸下旅途疲備的場所。

台北碧潭有約 洪小姐

成員：姐妹、弟弟
坪數：60坪
設計風格：自然休閒
房屋類型：大坪數
空間格局：玄關、客廳、開放餐廳、主臥、弟弟房、妹妹房、衛浴、和室、更衣室
主要建材：文化石、木皮、石材、玻璃、綳布、鐵件、系統櫃、進口木地板

數位宅

2-3 DIGITAL HOUSE

智慧型手機的出現，改變了人類的生活習慣，現在智慧型手機不只是打電話而已，隨時用手機透過網路即時傳遞週遭的大小事，或是用智慧型手機作為生活中便利的工具，聽音樂、看影片、遠端視訊或監控，甚至是作為遠端遙控家中燈光家電的遙控器。現在室內設計已經能夠運用、整合Apple系列產品，打造居家雲端分享平台，把家變成超聰明的「智慧宅」，將「雲端」概念帶入居家空間。

融合在生活中的數位機能

過去室內設計在線路的安排上，總是會特別考量到室內各空間的網路線出口位置，希望提供屋主方便使用的網路環境。但當時空已經來到了無線的時代，不只網路可以無線，也有許多家電是可以無線使用，就算前期沒有規劃進去，後期要再放置進去也是可行的。

從潮流來看，優秀的室內設計，不只是設計空間與配置傢具，甚至還能幫屋主思考如何將生活中的數位機能融合在設計中，設計師設身處地思考屋主的生活習慣與使用物件，例如讓家中各處都可接收到無線訊號，可以將iPhone與電視、音響連線，使用者就能舒服地在沙發上欣賞iPhone或iPad等智慧型工具裡的照片、聽音樂、看影片。

結合科技產品的獨特美感

對許多Apple迷來說，Apple系列產品不只是工具，更是相當有設計感的物件，例如Mac、Apple TV等，當充滿設計風格的房子完成之後，擺上這

產品，不僅是生活中實用的工具
與室內設計相得益彰的裝飾。

雖然目前現在多數業主還是頗排斥這種數位化機能，擔心故障、維護不易、費用高等，但其實這三個問題目前都是可以解決的。國外已經開始流行以智慧型手機控制的數位宅。不久，這些應用應該也會普及到室內設計中。

空間的角色
2-4 CHARACTER OF PLACE

住宅是日常生活的舞台，居住者在這個舞台上，演出屬於自己的人生。隨著使用者的人數、關係、需求，會在這個大舞台中，形成各個功能不同的小舞台，家中成員經常會集合、聚集的客廳、餐廳，或是屬於個人私密空間的臥室、浴室，或許還有書房、遊戲室等具備特殊機能的舞台。「住的好設計」是能夠替居住者思考任何可以改善環境品質的細節、打造貼心的設計，而非為設計而設計，如此一來，居住者便能悠然自在地在屬於自己的舞台裡演出精彩的人生。

白色的沙發與深色的電視牆形成一明一暗的對比，客廳中的單椅成為兩者巧妙的連結。

即使客廳的縱深不足，利用沙發搭單椅的不規則配法拉大面寬，並挑選低檯度的傢具設計爭取屋高，同時也將分戶樑做為斜角造型，模糊空間被切割的感覺，讓空間顯得高挑、寬敞。

空間的中心、溝通的場所——客廳

在台灣，多數人的居住習慣是以客廳為主要的舞台，也就是最常使用的活動空間，包括休息、看電視、待客，大多在這裡完成，也可以說幾乎每天除了睡覺的臥室之外，必定會使用到的空間。因此客廳往往是家中佔坪最大，也是居住者投資最多心力的地方。在這個空間裡，使用機能是屬於所有居住者，同時也是從玄關進入後動線的起點，甚至，從客廳就能看出這個集合了大家喜好的大舞台之設計風格。

在客廳這個以溝通為目的的舞台裡，佈景主角非沙發莫屬，依現在的流行趨勢，一組能讓大家徹底放鬆的舒適沙發往往也是整間屋子設計的起點。接著是正對沙發的電視牆或電視櫃，成為每天坐在沙發上必定會面對的風景。主要的佈景設計完成，搭配的物件，就可以依照居住者的喜好來增添。

符合使用動線、設計出開放、明亮的感覺，不必刻意營造使用目的，客廳自然會成為大家聚集的中心。

抓住一家胃與心——廚房與餐廳

廚房與餐廳分別就是料理和用餐的場所，在室內設計中，則出現開放與隱藏兩種截然不同的設計手法。

在打破密閉式空間的設計裡，例如現代人喜歡的中島型廚房，廚房與餐廳往往是合而為一的設計，有時是利用吧台連結廚房與餐廳，或是將餐桌連接料理台。而另一種則是以隱藏式牆面將廚房分隔開來，讓餐廳與客廳連成一體。

在這塊區域的舞台上，要注重的不只是外觀的設計，料理動線、油煙、收納，都是廚房與餐廳設計必須要注意的重點。

KITCHEN

渡過夜晚時光的空間——臥室

臥室對忙碌的現代人而言，也許不只是睡覺的場所，許多夫婦能夠單獨相處的時間唯有在臥室之中。在這個屬於一個人或是兩個人的私密空間裡，除了用來睡覺，也可以成為溝通、談心的場所。在設計上，除了一張舒適的床，如何設計出讓人可以放鬆地談天、入睡，然後早晨愉快地醒來，甚至利用睡前的時間，在臥室裡閱讀，或是規劃出更衣、收納的空間，考量到臥室在睡覺以外的各種機能，是好設計所必須做到的。

BEDROOM

享受身心的放鬆——浴室

不管是豪宅還是小套房，浴室都是居家必備的空間。加上近年來，不管男女老幼，重視身體健康的人越來越多，而洗澡這件事，和吃飯一樣，是每天都會做的事，除了清潔身體，也包含了讓身心放鬆的要素。因此透過環境氛圍的營造，在家中享受泡澡的樂趣，逐漸也成為浴室空間設計的重點。

即使無法設置浴缸，在潮溼的台灣，採用乾溼分離、快乾的地板材質、也成為浴室設計的基本概念。

BATHROOM

part3 DESIGN

設計

設計是什麼？[illegible]室內空間需要設計？儘管使用者可以依照自己的想像和需求，自行規劃住宅空間，但是透過專業的室內設計人[illegible]才能夠替居住者思考任何可以改善環境品質的細節，提供貼心的空間設計。大範圍的設計包含了動線、收納、建[illegible]、傢具、照明，每一項都像一個環，彼此獨立卻又相互串連。

動線

3-1 TRAFFIC FLOW

居家空間通常都會規劃幾個主要的使用區域，我們用客廳、餐廳、臥室、浴室等名稱來稱呼，而在「家」這個大空間裡，從一處到另一處的移動，就是所謂的動線。動線包含人移動的動線，還有視覺穿透和空氣的動線。在室內設計中，了解動線最基本也最重要的就是平面圖了。透過觀看平面圖，可以全盤掌握空間的位置與比例，再配合3D圖，就能在動工前，於腦中畫出居住時的動線。

幾乎沒有明確劃分的空間，無廊道，或者可說既是廊道也是使用空間。讓小坪數的房子也能機能性十足。

移動的動線

以移動的動線來說，還分為大的動線，例如進門後從玄關走到客廳，從客廳走到臥室；小的動線則是像從客廳沙發到電視櫃、從流理台到冰箱的移動、馬桶位置到洗手台的距離等。所有的大小動線，都需要了解居住成員有哪些、喜好、需求，例如有幾個人就可以知道需要幾間房間、客廳要多大、餐廳的大小等；還有成員彼此之間的關係，例如是否有長輩、是否需要無障礙空間、還有若有小孩、室內空間的安全措施等；或者有沒有需要基本以外的特殊空間，例如書房、更衣室、視聽室等。

再經過仔細的考量與模擬居住者的生活習性，做出適當的空間規劃，並幫助居住者避掉一些常見的風水問題，例如爐灶不對門等，考量到各面向的設計，才會讓居住者住起來覺得安心、舒適、方便。

客廳與餐廳的公共空間以直線方式合為一體。

料理的家事動線必須以最常使用者的需求為優先考量。

除了將臥室的門兼具客廳電視牆的功能，左右兩邊都打開之後，可以互相知道彼此之間的動向，是考量到需要照護的居住者的貼心設計。

「讓空氣自在地流通。」

使用可收納的門片，
讓空間使用機能千變萬化。

視覺和空氣的動線

在高樓林立的市區裡，現代人所能享受到的空間不像以往那麼寬敞、開闊，於是回到居住的環境，就會希望空間不要過於密閉，即使依照功能將室內空間各區域劃分出來了，也不希望再用牆、櫃子阻隔了視覺穿透的動線。因此在不妨礙建築結構的條件下，把牆打掉，改用可收闔的門片、折疊門等，達到空間的區隔，又可以在不需要使用的時候，把門打開，書房與客廳、客廳與餐廳等整個空間合而為一。

例如用一字形或中島的廚具，讓原本被密封在角落的廚房，變成大範圍的區域，料理人不再被獨立於單獨的空間裡，可以跟位在其他空間裡的人交流。

減少阻隔之後，整個空間的空氣也能自在地流通，當然家裡的氛圍也會跟著感染空間裡的所有人。

收納

3-2 STORAGE

過去，住宅裡收納空間的比例約是全體的10%，但是近年來的都市住宅，收納空間的比例卻有不斷增加的傾向。這也反應了現代人東西越來越多，而使用的空間越來越小，反而把應該可以使用的空間，拿去堆放東西了。因此把雜亂的物件隱藏起來，是收納的精髓所在；不過自己所蒐集的收藏物，反而可以當作裝飾品陳列，則又另當別論了。

收納式門片收起來之後，整個
廚房就被收納起來了。

幾乎所有的屋主在提出設計需求的時候，都會希望收納的空間越多越好，但是一樣的空間大小，把使用容積劃分給收納之後，即代表其他用途的使用空間將會相對縮小。因此，在設計室內空間的時候，應該要重新思考的是減少物品不必要的堆放，否則再多的收納空間也永遠不夠。另外則是從拆掉不必要的牆，改為櫃體兼具隔間的功能；或是利用畸零地或不影響動線的地方來增加收納空間，而不是將可以讓自己居住得更舒適的空間挪給物品用。讓收納不會讓空間變小、變窄、影響使用的空間，這才是設計的巧思所在。

USER-FRIENDIY STORAGE

將美麗的杯盤展示出來。

「整齊美觀的展示，賞心悅目。」

開放的收藏

如果屋主擁有許多收藏品，例如畫作、葡萄酒、甚至是到各地旅行的紀念品，這些具有展示意義和價值的物品，隱藏起來不如以開放的方式來展示，既可以給這些物品一個固定的擺放空間，也能夠讓這些物品成為室內裝飾的一部分。像這樣的擺設，也許還要考量到觀看的角度、燈光，例如是在一進門就能看到的玄關位置，或是坐在客廳沙發上能夠悠閒欣賞的位置。對屋主來說，或許時時凝視這些收藏品，感受到自己所鍾愛的物品圍繞身邊的幸福感，是待在這個居家空間裡最大的享受。

A HOBBY SPACE

將樓梯旁挑高的畸零空間，變成
壯觀的藏品展示兼收納區域。

電器都收納在電器櫃中，
讓廚房看來更整潔。

衣櫃門片運用琥珀色馬賽克裝飾，金屬光澤與低調奢華風格有所連結，內部則依照屋主衣物屬性量身打造，滿足收納空間要多的需求。

收納櫃兼具床頭背板的功能，以白色皮革繃布搭配墨鏡噴砂圖騰的門片做造型。

隱藏的美感

收納的要點就是「物有定位、分門別類」，依照物品的使用習慣、放在應該放置的場所。例如廚房就有許多的電器產品，例如電鍋、電子鍋、烤箱、微波爐、飲水機、咖啡機等，在條件許可下，設計會為屋主設計電器櫃來擺放，但若是空間不足，反而會比較建議屋主在選購電器的時候，選擇多功能的，例如烤箱和微波爐一體的多功能家電，就可以減少收納去擺放這些家電。另外例如房間裡的衣物間、女性收納各種化妝品、小物的空間，也都可以利用例如床頭板兼具收納櫃功能的設計，都可以讓難以擺放整齊的物品，隱藏在美麗的裝飾面板之後。

建材

3-3 MATERIALS

空間基本上由地板、牆和天花板所組成，而這三個要素所使用的材料和顏色將會左右整個空間的視覺效果。現代人除了講究風格美感，對於健康與環保的重視也與日俱增，像是健康磚、珪藻土等環保、無毒的綠建材。同時，因為科技發達，各種新材料的研發，讓建材的選擇和搭配也跟著更加多樣化。

從玄關開始，就是大片的拋光石英磚塑造出寬敞又高雅的氣氛。客廳則用大塊的地毯做出畫龍點睛的效果。

地材

以地板材料來說，分為木地板、瓷磚、石材等，同時這些材料本身也會有不同的質感，通常都是依照風格走向來選擇。木頭給人溫潤的感覺，因此許多住宅空間都會選擇使用木質地材。而現在的瓷磚，樣式更加多變，例如有仿木紋、仿石材和板岩紋路，可以依照想要的設計風格做搭配。石材的話，眾所周知的如大理石，因為是天然的紋路，可以在室內空間做出較誇張、華麗的呈現。

當然在室內空間裡，不一定只能用一種材料，多種素材的搭配，往往也有令人驚喜的效果。

MATERIALS AS FLOOR

「多種素材的搭配，創造出多重變化的效果。」

書房的深色木地板與櫃子門片呈現和諧的統一色調，營造出閱讀空間所需的沉穩與寧靜。

室內壁面使用仿紅磚的設計，大膽而新鮮。

MATERIALS AS WALL

壁材

在裝潢中，牆面會因應不同的風格需求設計特殊的造型牆面，透過使用不同的材質讓空間變化更加豐富。以前的裝潢材質大多是以木工為主，也就是木材或木皮，但是現在因為將設計交給設計師來處理，設計師知道很多材質，就可以依照屋主想要的風格和方向，提供建材上的建議。常用的材料包括油漆、壁紙、木皮、石材、線板等。例如壁紙，除了有各式花紋，還可以從裡面找到仿緞面、仿皮革面，各自都會呈現不同的感覺。

但因為只使用同一種材料或許有些單調，因此透過設計師的巧思，將各種材質互相搭配，如木皮搭配玻璃或壁紙，就會讓質感更加細緻。

沙發背牆以噴上銀色漆的線板框，與銀箔
馬賽克磚斗框的光澤相互輝映。

廚房上方天花板運用鏡面造型隱藏空調，
並利用反射效果加大空間感。

油漆搭配特殊設計的壁貼，
讓空間充滿想像力。

這個玄關打破傳統玄關設計的概念，以直立的鐵件搭配照明和鵝卵石的設計，形成既有阻隔卻又能夠穿透的巧妙。

建材四大元素：玻璃、鐵件、木材、石材

玻璃給人感覺是很單純、冷硬的材質，但其實在室內設計中，玻璃能做出的變化，超乎想像。顏色方面除了透明玻璃，還有茶色、灰色、黑色，甚至可以量身定做特殊顏色的烤漆，透過顏色的變化，玻璃也能變得繽紛、溫潤。在樣式方面，現在都能依照需求，做出各種雕花、圖樣。

另外現代簡約風格中常出現的鐵件，在許多人的觀念中，仍認為鐵是屬於冷、硬的材質，但其實將鐵件以點綴性的方式設計在空間裡，往往會有出乎意料的時尚感。

室內空間的設計裡，通常都會看到這四大元素的出現，搭配得宜就會讓空間迷人。

客廳電視主牆採用咖啡絨花崗石，搭配茶鏡天板，塑造空間延伸感，也讓空間更具氣勢。

大理石並不一定用做地板材料，做成電視牆也非常俐落、大器。

這個玄關空間用了多種的素材：地板的瓷磚、部分牆面採用黑色彩繪玻璃、部分使用木紋貼皮和石材，呈現豐富多樣的完美搭配。

傢具
3-4 FURNITURE

傳統的觀念裡，傢具都是在裝潢後期才被考慮進去，許多人往往在前端的裝修面上花了很多預算，甚至認為這些才是必要的；到了後期開始處理傢具、傢飾時，就會出現因為預算不足而挑到不適合的傢具。其實傢具才是我們每天生活會接觸到的物件，而且好的傢具才是讓生活更加舒適愉快的關鍵。

空間的主角

新的住宅設計觀念是在一開始設計規劃的時候，就以居住者喜歡的風格跟樣式先挑選主要的傢具，作為空間中的主角，例如客廳中的沙發、餐廳的燈飾或餐桌等。當然居住者多半會有預算考量，可能無法全部挑選自己喜歡的或是進口的傢具、傢飾。因此，可以先從喜歡的品牌或設計中挑選單品作為第一主角，接著再搭配其他的第二主角、配角等。即便不是全部傢具都使用知名或是進口品牌，只要一兩件具有設計感的好傢具，也可以讓空間的整體品味提升。

在幾年前由歐美如IKEA（宜家家居）、BoConcept（北歐概念）傳來的新趨勢，在硬體上不需要做到雕樑畫棟，反而是透過傢具、傢飾就能營造出家庭中想要的氛圍。

可收、可拉出的穿鞋椅，是設計師為年長居住者特別設計的巧思。

在簡單俐落的臥室中，粉紅色的透明椅透露出居住者的溫柔。

多功能客廳桌，有多種用法，想要在客廳吃東西的時候，可以架高L型的部分；黑色部分則是可掀開的收納空間。

配角

每個空間中除了主要的傢具，其他的傢具若是搭配得宜，不僅能讓主角更為凸顯，也可以使整體的空間設計更加完整。

傢具中的配角不只是傢具，也包括了地毯、立燈、壁飾、窗簾、甚至是抱枕等物件。透過這些配角的襯托，可以讓主角如沙發的厚實、沉穩，增添一些活潑感。

牆上充滿設計感的燈飾和高級音響，無疑是餐廳區捉住視覺焦點的的主角。

左頁客廳中沙發的白與桌子的黑，對應到餐廳區桌椅的黑與白，既對比又協調。

完美的演出

經由設計師完整的規劃，主角、配角各司其職，共同演出一齣美麗的生活空間。而每種傢具的角色，最後也可以依照居住者的需求重新分配打造出不一樣的戲碼，為生活增添更多變化與情趣。

特殊設計的燈飾似乎成了客廳中的主角，窗紗、地毯各自與沙發、壁紙和抱枕相互輝映。

木質沙發、書桌、廚房中島延伸出來的餐桌和餐椅，形成諧和一致的搭配。

純白色、造型特殊的沙發上搭配兩個顏色與沙發後方牆面呼應的抱枕。

照明
3-5 LIGHTING

室內設計中，光線不僅是居住者最在意的重點之一，也是考驗設計師技術與美感的課題。除了引進自然光，也可以利用照明器具來打造人工光線。照明的功能不僅是照亮空間而已，還具備了讓空間產生不同氛圍、效果的功用。人工的照明有直接照明、間接照明，現在大多會採用節能的照明器具，搭配不同的光線強度，甚至透過多重的間接照明組合創造出宛如舞台般變化的設計。

水晶吊燈需要有挑高的空間才能顯示出晶瑩閃亮的美感，這是居住者原本擁有的金色舊燈，經過設計師配合整體的設計風格，重新烤漆為黑色、並更新水晶之後，讓這盞吊燈成為空間中的視覺焦點。

DESIGN OF LIGHT

視覺焦點

在室內某些空間裡，照明設備往往因為突出的外型與設計，而成為空間中的視覺焦點。例如常出現在低調奢華風格中的水晶吊燈、或者是知名品牌的設計燈飾，在這種情況下，這類照明器具的主要功能便不在於照亮空間，而是成為空間中的主角，也是凸顯居住者喜好與品味的象徵。當照明器具在空間中獨樹一格之後，整體的空間設計，便需要以它為中心，做出互補與搭配，否則若是各個傢具都要成為主角，整個空間就會顯得紛亂，充滿壓迫感了。

餐桌區上方的三盞圓球形水晶吊燈，
即使不開燈時，也是十分美麗的裝飾。

壁頂燈搭配餐桌上方造型可愛的燈飾，提供用餐區域足夠的光線。

玄關是家的門面，也可以用水晶燈來做主角。

獨特設計的樹木狀燈飾，既是照明工具，也是室內最引人注目的裝飾。

餐廳區櫃子下面隱藏了間接光源，而餐桌上的水晶吊燈，透過櫃子的玻璃鏡面反射出光輝，讓用餐氣氛更迷人。

若隱若現

為了讓空間中的傢具看起來不是呆板地靠在牆邊或立在地板上，現在大多會在地板和天花板的縫隙設計照明。從這些空隙中透出間接光線，讓傢具的輪廓也變得柔和、輕快。間接照明的設計要避免光源交疊時產生紛亂的影子，同時也不能直接接觸眼睛視線，除了設計時的考量，在實際裝設時，必須在現場仔細調整。如何能夠利用幾盞小小的照明來源，讓空間呈現出不同的變化，對設計師來說，每個空間的照明設計都是一大挑戰吧！

INDIRECT LIGHT

將光線打在走廊盡頭牆面上的畫作上，宛如展覽空間，而天花板的燈光設計，又在地面投射出w形的光影，形成有趣的延伸。

廚房的照明以明亮為主，排成一排的圓形壁頂燈，提供足夠的照明，通往陽台的門，也在不需要開燈的白天，引進了光線。

臥室的空間照明以柔和的光線為主，搭配造型與床頭夜燈功能兼具的燈具，塑造出安心舒適的休憩環境。

玄關的水晶燈和珠簾設計，明白地顯示出
這是一間屬於現代古典風格奢華空間。

表現個性的入口照明

優秀的照明設計，可以表現出居住者的個性，特別是在入口玄關的照明設計，不僅是晚上回家迎接疲憊心靈的第一道光，也是決定來客對這個室內空間的第一印象。玄關入口的照明除了設計感，照明的功能也是必須考量的重點，同時，這個區域應該也是照明器具使用率最高的地方，所以設計師也要將品質與更換的便利性考慮進去。

REPRESENTING A CHARACTER

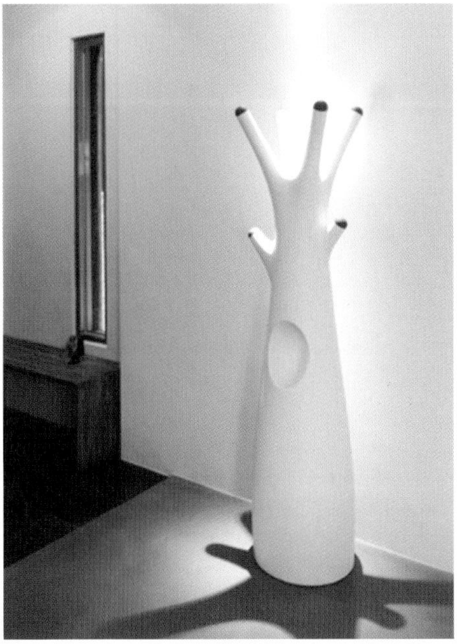

玄關入口處利用投射燈投射在一個造型特殊的裝置藝術上，藝術品本身之外，光影也形成了另一種欣賞的角度。

在架高的地面透出的光線，讓空間塑造出有層次感，並隱含了懸浮的趣味。

part 4 PORTFOLIO

經典作品

凝聚家族
情感的
空間設計

新竹一品院 曾公館

成員：夫妻、二小孩
坪數：88坪
設計風格：現代簡約
房屋類型：大坪數
空間格局：客廳、餐廳、主臥、書房、小孩房
主要建材：木地板、木皮、玻璃、拋光磚、系統櫃、繃布

在簡約的空間裡創造豐富的生活

淡水 T公館

成員：夫妻、二小孩
坪數：37坪
設計風格：現代美式
房屋類型：標準格局
空間格局：玄關、客廳、餐廳、主臥、書房、小孩房
主要建材：黑金鋒大理石、茶鏡、磁磚、進口壁紙、陶烤門、系統櫃、木作烤漆

實現心曠神怡的生活

台北遠雄日光 劉公館

成員：夫妻、二女一男（小孩）
坪數：40坪
設計風格：自然休閒
房屋類型：標準格局
空間格局：玄關、客廳、餐廳、書房、和室、主臥室、小孩房、更衣室、衛浴
主要建材：柚木木皮、繡磚、榻榻米、實木地板、茶鏡、鐵件、系統櫃、美耐板、進口壁紙、石材

生活空間的藝術化

新竹富宇富玉 鄭公館

成員：夫妻、一小孩
坪數：43坪
設計風格：低調奢華
房屋類型：中坪數
空間格局：客廳、餐廳、主臥、書房、小孩房、多功能房
主要建材：木皮、大理石、茶鏡、茶玻、壁紙、系統櫃、繃皮革

精緻與簡約交織出的新古典

台北家居雲門 陳公館

成員：夫妻、父母、貓
坪數：42坪
設計風格：美式新古典
房屋類型：標準格局
空間格局：玄關、客廳、餐廳、廚房、書房、主臥室、更衣室、衛浴、孝親房、起居室
主要建材：洞石、黑金峰大理石、噴漆、系統櫃、乳膠漆

質樸沈穩的休閒風格

台北內湖 長虹別墅

成員：夫妻、母親、二小孩
坪數：70坪
設計風格：極簡
房屋類型：透天
空間格局：玄關、客廳、餐廳、主臥、小孩房、長輩房、更衣室、遊戲間、陽台
主要建材：盤多魔、超耐磨木地板、鐵件、玻璃、環氧樹酯

住在洋溢藝術氣息的空間裡

台北公園首席 葉公館

成員：夫妻、二小孩
坪數：56坪
設計風格：自然休閒
房屋類型：大坪數
空間格局：玄關、客廳、餐廳、主臥、起居室、小孩房、客房、書房、更衣室、陽台
主要建材：大理石、木皮、玻璃、鐵件

開闊寬敞、明亮通風的舒適生活

遠揚名人廣場　王公館

成員：夫妻
坪數：41坪
設計風格：現代簡約
房屋類型：夾層
空間格局：客廳、餐廳、主臥、小孩房、多功能室、更衣室
主要建材：比利時進口環保木地板、進口磁磚、翡翠檀山形花木皮、鐵件、灰姑娘、黃金木化石、鍍鈦金屬、進口壁紙、竹炭漆、丹麥進口家具

家是給予溫暖擁抱的城堡

新竹千荷田 郭公館

成員：夫妻、二小孩
坪數：42坪
設計風格：現代簡約
房屋類型：中坪數
空間格局：客廳、餐廳、主臥、書房、小孩房×2
主要建材：木地板、木皮、大理石、茶鏡、噴漆、壁紙、系統櫃

SONY

打造自己的BEST HOUSE
──用心的室內設計經典

作　　者｜創空間
圖文整理｜王筱玲、許筱倩
特約編輯｜王筱玲
美術設計｜ IF OFFICE

主　　編｜賴譽夫
副 主 編｜王淑儀
行銷公關｜羅家芳
發 行 人｜江明玉
出版、發行｜大鴻藝術股份有限公司｜大藝出版事業部
台北市103大同區鄭州路87號11樓之2
電話：（02）2559-0510 傳真：（02）2559-0502
E-mail：service@abigart.com

總 經 銷｜高寶書版集團
台北市114內湖區洲子街88號3F
電話：（02）2799-2788　傳真：（02）2799-0909

印　　刷｜韋懋實業有限公司

2013年7月初版
Printed in Taiwan
定價380元
ISBN 978-986-88997-7-3

最新大藝出版書籍相關訊息與意見流通，請加入Facebook粉絲頁
http://www.facebook.com/abigartpress

國家圖書館出版品預行編目資料
打造自己的BEST HOUSE：──用心的室內設計經典，創空間著. -- 初版. -- 臺北市：大鴻藝術，2013.07
136面；19x26公分
ISBN 978-986-88997-7-3（平裝）

1.家庭佈置 2.室內設計 3.個案研究
422.5
102009134